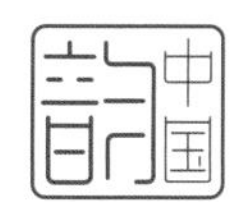

SHIGUANG DE JIAOYA

时光的脚丫

童诗说二十四节气

耿 立 著／王世会 绘

希望出版社

图书在版编目（CIP）数据

时光的脚丫 : 童诗说二十四节气 / 耿立著. -- 太原 : 希望出版社, 2020.1
ISBN 978-7-5379-8267-2

Ⅰ. ①时… Ⅱ. ①耿… Ⅲ. ①二十四节气－少儿读物
Ⅳ. ①P462-49

中国版本图书馆CIP数据核字(2019)第253084号

时光的脚丫——童诗说二十四节气

耿 立 著　王世会 绘

出 版 人：孟绍勇
策　　划：王　琦
责任编辑：田意可 梁　彦
复　　审：柴晓敏
终　　审：王　琦
版式设计：张永文
封面设计：潘　洋
责任印制：刘一新 杨　炜

出版发行：希望出版社
地　　址：山西省太原市建设南路21号
开　　本：720mm×1000mm 1/16
印　　张：8.5
版　　次：2020年1月第1版
印　　次：2020年1月第1次印刷
印　　刷：山西基因包装印刷科技股份有限公司
书　　号：ISBN 978-7-5379-8267-2
定　　价：45.00元

谁能把春天装在口袋里

耿　立

在一次少儿创意写作课堂上，我问了一个问题："谁能把春天装在口袋里？"

一个屁股后面绑着狐狸一样尾巴的孩子说："在我睡着之后。"是啊，在一个孩子睡着之后，她什么事干不出呢？在她睡着之后，所有的星星都会来到她的房间里，从角落跑出的小仓鼠会扭开她的台灯，书房里的钢琴会自动演奏起来，各种瓶子、锅铲、拖把，都会跳起拉丁舞。睡着之后，在我们睡着之后，大地会给我们做出什么？

我说，大地给我们画出了一个一个美学的格子。这个格子画在春天、秋天，也画在夏天、冬天。这个格子，是时间来画的，是古人用智慧来画的，这一个一个的美学格子叫节气，一共二十四个。

这个格子里有声音，像八音盒。古人的耳轮，很敏感，不像现在的人，被噪音把耳轮磨出了茧子，早早关闭了灵敏，而变得麻木、倦怠。

古时的世界，一个声音响，到处都有共鸣箱，树会应答，水会应答。

比如在惊蛰的时候，就听黄莺叫。

古人说惊蛰时会"仓庚鸣"。仓庚的名字好。仓庚，就是黄莺，这个小精灵，从《诗经》一直叫到《唐诗三百首》：

"打起黄莺儿，莫教枝上啼。

啼时惊妾梦，不得到辽西。"

这是一只能搅乱深闺的鸟，这声音是撩人的，也可以挑破人的梦。惊蛰了，鸟声本是上苍给人类的音乐，是耳朵的享受。而对梦到辽西的女子，无疑是"弹弓”，弹弓发出的石子把她的梦击碎了。于是她就开始想到打跑鸟儿，把声音也打跑。

夏天的时候，那种燥热是蝉带来的，各种声音在夏天的节气里，扯着嗓子，有低音、高音，如同一场音乐会，青蛙有和声，分多声部。

少年时的我，曾在一个夏日，与父亲拉排子车从故乡什集到县城郓城送货物，天晚归来，当走到村北的泥河之上，正躺在车厢里、睡意蒙眬的我被铺天盖地的星光和蛙声包围了。我仔细分辨不同的蛙鸣，然后默默地计数：一、二、三……怎么也记不下那壮观的旷野合奏曲，似鼓似锣，有弹有拨，有裂帛，有碎花，有茶盅跌落的清脆，但感到那时的喧闹乡村竟然是一个“静”字。

热是夏日节气的主调。要选夏日的代言，非蝉莫属。但蝉是跨界的，立秋，“寒蝉鸣”；而到了秋分呢，“雷始收声”，那就开始听蟋蟀叫。我有个幻想，我的同乡王禹偁在黄州太守任上，破开如椽的大竹为屋瓦。他说住在竹楼上面，夏宜急雨，声如瀑布；冬宜密雪，声比碎玉；而无论鼓琴、咏诗、下棋、投壶，共鸣的声音特别好。现在，若是捉千百只蟋蟀，放在竹瓦下，一只蟋蟀说话，千百只蟋蟀说话，缓缓地、徐徐地说，沉沉地、快快地说，舒舒缓缓舒舒，从立秋说到冬至，把秋温奏成冬肃，那该多令人神畅。

小时候，日子虽然清贫，但我生活在鲜明的节气里，活在大自然里。秋天了，母亲说，秋分了，寒露了，该加衣服了。春天了，寒食了，清明了，母亲说，寒食寒十天，晨晨黑黑穿布衫。

但现在，人生活在钢筋水泥里，封闭了腿脚，又封闭了耳朵和心灵，二十四节气，也渐渐被人遗忘。我曾读到一个令人吃惊的故事：

“有一长年居住山里的印第安人，受一纽约人盛邀，邀他到钢筋水泥的城里做客。等出机场穿越马路时，那印第安人突然喊道：‘你听到蟋蟀声了吗？’纽约人大笑：‘您大概坐飞机久了，是幻听吧。’走了两步，印第安人又停了下来，说：‘真的有蟋蟀，我听到了。’纽约人乐不可支：‘瞧，那儿正在施工打洞呢，您说的不会是它吧？’印第安人默默走到斑马线外的草地上，翻开了一段枯树干，果真，趴着两只蟋蟀。”

为什么城里的人听不到节气深处的声音呢？是他们的听觉退化了吗？不是的，而是他们的耳朵里满是车轮声、演奏声、打桩声，种种人为的声音遮蔽了自然之声，久而久之，他们的耳朵淤塞了，美好的自然之声和自然的变化，对自然的感知，就被关在了外面，身体机能退化了。

我不是要求人们回到从前，我是想让人们，把从前的一些好东西，拾起来，木心先生有首诗《从前慢》，我很喜欢：

“记得早先少年时
大家诚诚恳恳
说一句是一句

清早上火车站
长街黑暗无行人
卖豆浆的小店冒着热气

从前的日色变得慢
车，马，邮件都慢
一生只够爱一个人

从前的锁也好看
钥匙精美有样子
你锁了人家就懂了”

从前，时间是从沙漏里看的，是从屋檐看的，是从蜡炬成灰泪始干看的，也是从雨、霜、雪中看的。

古人在那些节气里，不只是后人认为的迷信，我认为，那是一种从容的心，一种敬畏，一种浪漫。

古人认为，惊蛰的最后五天，“鹰化为鸠”。鹰，鸷鸟也。此时鹰化为鸠，至秋则鸠孵化为鹰。

清明的时候，“田鼠化为鴽”。阳气盛则鼠化为鴽，阴气盛则鴽复化为鼠。

立冬之日“水始冰”，再五日“地始冻”，又五日“雉入大水为蜃”。

最妙的是大暑，“腐草为萤”。这是多么浪漫的事，那些可爱的萤火虫是腐草而化，这才是化腐朽为神奇啊，这是古人的愿望。古人相信万物有灵，且这些动植物可以互相转化，像串门那样方便。

现在谁家的屋檐下，还有穿着燕尾服的燕子呢？她的剪刀还剪春风么，还剪柳丝么？

一个一个的鸽子笼，冰冷的钢筋水泥，这种人类居住的封闭式格局，彻底把燕巢驱逐了。

“卷帘燕子穿人去，洗砚鱼儿触手来。”我小时候，每年在老家盼着从南方归来的燕子，如今不见了。当时母亲告诉我，当秋天燕子南迁时，如果缝一个布袋，挂在燕子的脖子里，第二年，这个燕子会带着布袋和布袋里的红豆籽粒回来。

如今，我南迁到岭南，那种几千年在诗文中、在生活中、在节气中的燕子，真的，与我们的生活诀别了么？那样，人的损失，心的创伤和阴影的面积，如何补偿呢？

我们不应该远离自然，也不应该远离诗意和浪漫，远离古人的智慧。有时，不妨务虚一下，给心灵开一扇窗子，到自然里寻找一下节气的踪迹。我们端详一下，夏至到来时的太阳，秋分到来时的月亮，我总觉得，我们的二十四节气，是古人和自然签订的一份契约，后来的人们破坏了自然，破坏了约定。

其实这是人类在背叛自己的初心，背叛自己的童年，是人类的不忠，和燕子失约，和大雪失约。

我总幻想，有一天，我虽生活在现代，但按古人的活法和范式，生活在二十四节气里，脱掉现在的皮鞋，穿着草鞋，脸上也可能有露珠或者霜花，与草木和泥土结缘。我不要跑步机和 K 歌房的人生，我更愿意到森林小溪，那里更能健康心灵。

如果让我许愿，我说我愿回到四季分明的二十四节气里，如果让我在一个精神的漂流瓶里写一个小纸条，那上面，我一定写上，到有鸡鸣、有炊烟、有母亲呼唤的时代去。

我们现代的人，生活得太匆忙，太现实，也太拘谨，太靠近物质，而离开了本真，离开了自然。

到二十四节气里去吧，在节气里串串门，找几朵花、几只鸟、几盏茶、几盅酒，与自然做朋友。

二十四节气，是生活的美学格子，我们串串门，待一待，浪漫温馨。现代生活离不开打盹，我们到节气里，打个盹，很好。

目　录

立春

雨水

惊蛰

春分

清明

谷雨

目　录

立冬

小雪

大雪

冬至

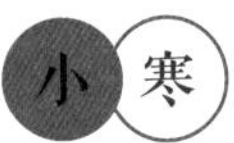

回到过去

鸟儿回到过去成为鸟蛋

早晨回到过去成为星空

课本回到过去成为森林

小河回到过去成为雨滴

老师回到过去成为学生

黑板回到过去呢?

杨树回到过去呢?

上课的钟声回到过去呢?

书包回到过去呢?

奶奶说：过去多好

我想送奶奶回到过去啊

但不知到哪里去购买白发返程的票

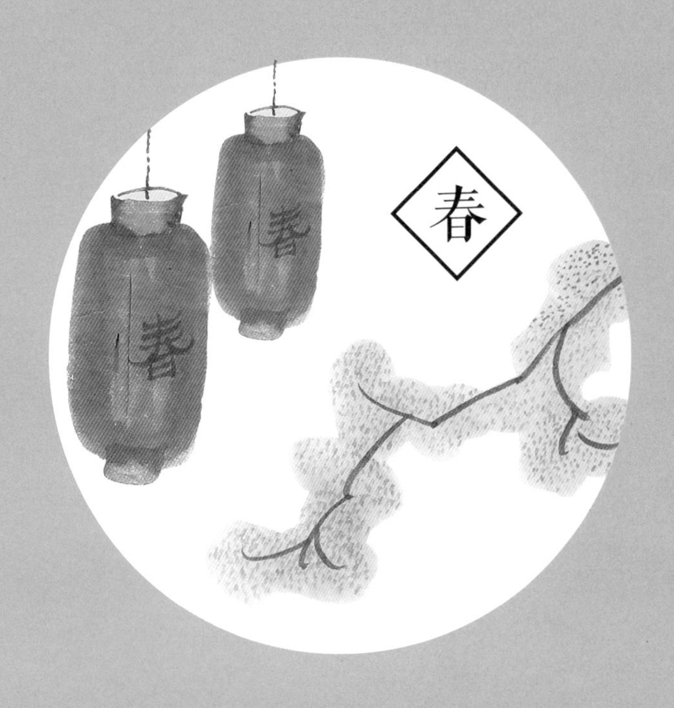
春
春
春

木兰花·立春日作

宋·陆游

春盘春酒年年好，
试戴银旛判醉倒。
今朝一岁大家添，
不是人间偏我老。

一候，东风解冻　二候，蛰虫始振　三候，鱼陟负冰

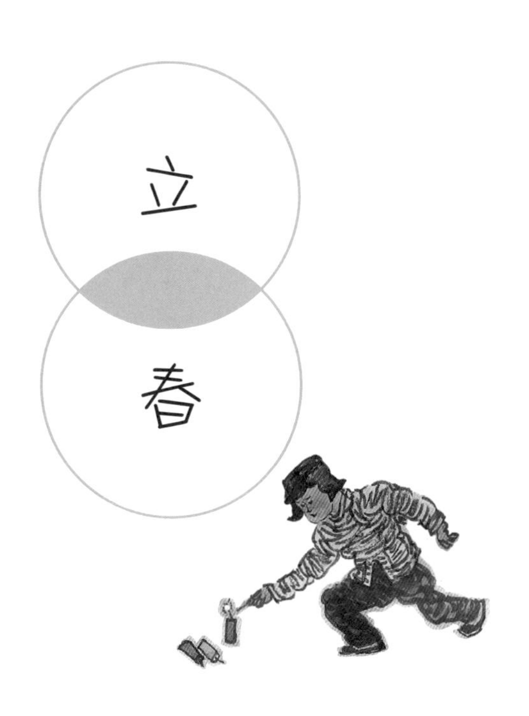

立春　春立于“冰雪莺难至”时，是二十四节气中的第一个节气。春木之气始至，故称为“立”。“立”是“开始”的意思。自秦朝以来，我国就一直以立春作为春季的开始。立春是从天文上来划分的。春是温暖，鸟语花香；春是生长，耕耘播种。从立春当日一直到立夏前这段时间，都被称为“春天”。

我们比赛倒立
那些小鸡呼喊着
没有一个倒立起来的
它们只是扇动起翅膀
那些鸡蛋却在草窝里
都直挺挺地站立起来了
像是最听妈妈话的孩子

这是春的起跑线
山西的花朵
山东的花朵
都在起跑线
教室里
班长刚喊一声：起立
随着板凳的声响起立的
还有门外的小狗
以及小狗眼里
的麦苗
那些麦苗
都整理一下衣裳
站得整整齐齐
向着玻璃上贴的“春”字
行注目礼

总有一些东西在春天出逃

春风才吹了一下口哨
冰凌就跑了
好像冰凌欠下了春的债务
它不敢和春天打照面

春风才吹了一下口哨
雪花就跑了
它跑得泪流满面

春风才吹了一下口哨
干枯的树枝就不见了
绿叶标出了它逃走的符号

春风才吹了一下口哨
奶奶脸上的皱纹就逃走了
我发现
那皱纹变成了
大地上的一条条小道

家乡的春天等于什么

几十万朵花的笑也不止再加上
几十万吨的颜料（红的蓝的白的）
那才可能约等于家乡的田野吧
减去下的雨的翡翠
才是大把大把往身上贴的
暖洋洋的阳光
那乘法呢
鸟的叫声乘小河的顽皮
再乘狗的跳跃和读书的朗朗
那才可能是村小学教室的一间
一个个的童年坐在那里
如一个个小和尚
无心地看黑板
眼睛和口水
早被几百瓶墨水涂蓝的天
及穿黑礼服的燕子画弧线的样子扯跑

那除法呢
如果把黑夜里的星斗除去
叫萤火虫去值班
那黑夜里的星星
不是都有了翅膀么
那星星不是可以飞来飞去了?
这样的方式我最喜欢

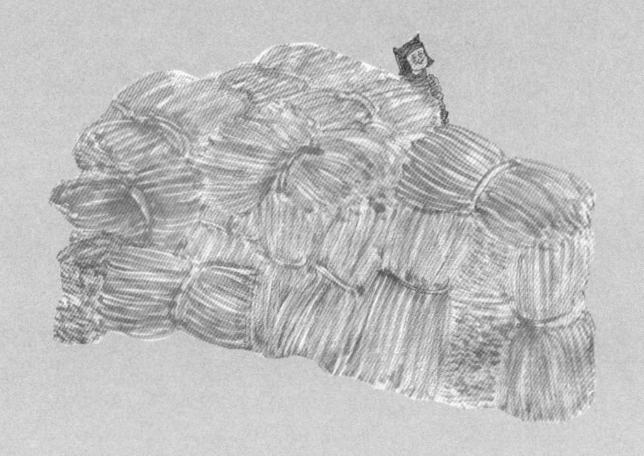

春夜喜雨

唐·杜甫

好雨知时节，当春乃发生。
随风潜入夜，润物细无声。
野径云俱黑，江船火独明。
晓看红湿处，花重锦官城。

一候，獭祭鱼　二候，侯雁北　三候，草木萌动

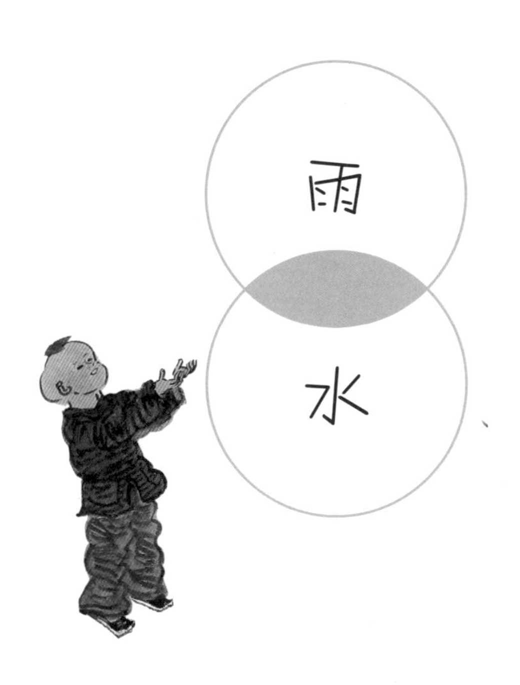

雨水　雨水一般在每年公历的二月十八日左右。春属木，木依赖水生，故东风解冻，温润散为雨水。此时，气温回升，冰雪融化，降水增多，故称之为“雨水”。雨水和谷雨、小雪、大雪一样，都是反映降水现象的节气。

雨水

雨水

为乡村扯一块塑料布
免得受凉
经过一个冬天
奶奶的风湿性关节炎都没犯
这天，奶奶说
她骨头缝里，很多的蚂蚁在爬

这时，村子开始湿了
小鸡开始追逐着一滴滴雨点
在地上奔跑
伞变成了村庄的亭子
亭子成了村庄的伞
小草可不想有亭子罩着
它们就想在雨水里
洗脚板
雨滴在耕牛的蹄印里
如袖珍的池塘
可以让一些草种子
免费洗澡

春天的钥匙

一定有把钥匙，或者房卡之类的
也一定有把锁
是这锁，锁住了那些花朵
那些草芽
那些鸟叫和风筝
也不知道这密码是如何设置的
那锁槽的凸凹处是山还是丘陵
反正，在某个时辰
冬天就裂开了一道缝
这道缝
可以通过无数的动物
也可以通过无数的植物
马通过了
羊通过了
鸭子摇摇摆摆通过了
最是一些小草心急
它们从那道缝里
趴着长出来了

雨水的脚丫

懒鬼，还不起床?
雷在外面捶着窗户
于是
那些雨成群结队地
跑了出来
有的没穿鞋子
有的没穿袜子
有的光着屁股

雨相互呼喊着
像吹着小号和长号
有的模拟女声
有的模拟鸭子叫
反正雨水来了
天地间突然有了一支
合唱队，军乐队
有了一出歌剧
有美声，有民俗
反正怎么唱
怎么演奏
那些牛啊，草啊，庄稼啊
都听着舒服
像在胳肢窝里挠痒痒

观田家

唐·韦应物

微雨众卉新，一雷惊蛰始。
田家几日闲，耕种从此起。
丁壮俱在野，场圃亦就理。
归来景常晏，饮犊西涧水。
饥劬(qú)不自苦，膏泽且为喜。
仓廪无宿储，徭役犹未已。
方惭不耕者，禄食出闾里。

一候，桃始华　二候，仓庚鸣　三候，鹰化为鸠

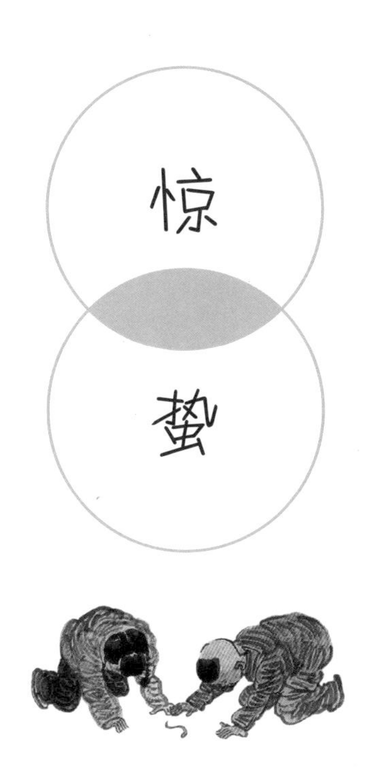

惊蛰　惊蛰一般在每年公历的三月五日或六日。《月令七十二侯集解》上说："二月节，万物出乎震，震为雷，故曰惊蛰。"古人称冬眠为"蛰"，蛰为守，蛰隐是为养生。而万物出为震，震为雷，惊醒为慌，惊慌为乱，春雷为鞭策，劳碌一季重新开端，春耕开始。

春天的宴席

春天好奢侈，动不动就摆宴席
邀请所有能举起杯子的胳膊
都端起杯子
他向着东南西北，大声喧哗
骄傲，自信
他不听冬天的风言风语
也不喜欢冬天残留的一地鸡毛
他就是一个暴发户
财大气粗
他随便在身上摸一个金币
就能购买天下的香
天下的颜色
来，听春天的话
干一杯
然后看漫天的蝴蝶
快乐到
连家也忘记

雷声

咚的一声
谁在天空扔了一个炮仗
咚的一声
谁又在天空扔了一个炮仗
咚，咚，咚
像春节装炮仗箱子的盖子
被打开了
咚，咚，咚
咚，咚，咚
炮仗在半空恣意地炸
多好听啊
奶奶耳朵聋了
她什么都没听见
那雷声见了奶奶就像
微服私访的皇帝
小心地走路
怕露了马脚

七绝·苏醒

宋·徐铉

春分雨脚落声微，
柳岸斜风带客归。
时令北方偏向晚，
可知早有绿腰肥。

一候，元鸟至　二候，雷乃发生　三候，始电

春分　春季九十天的中分点，春分的“分”是指九十天之春分为两半，自此进入春和日丽、万红千翠的争媚时节。此时，阳在正东，阴在正西，由此昼夜平分，冷热均衡，为一年中最好的时节。

春分

会酿酒的花朵

会酿酒的花朵，使春天有度数
你会看到，那季节
整天醉醺醺的，好像犯困
走路踉跄，越走越慢
最后好像太热
就光着身子
春天到后来，就是赤裸的
但花朵还是不依不饶
端着的酒杯一直不肯放下
最后春天好困
就睡到我们的身上
睡啊，睡啊
直到奶奶摇醒我们
春天才摇摇晃晃地和我们
背着书包去学校

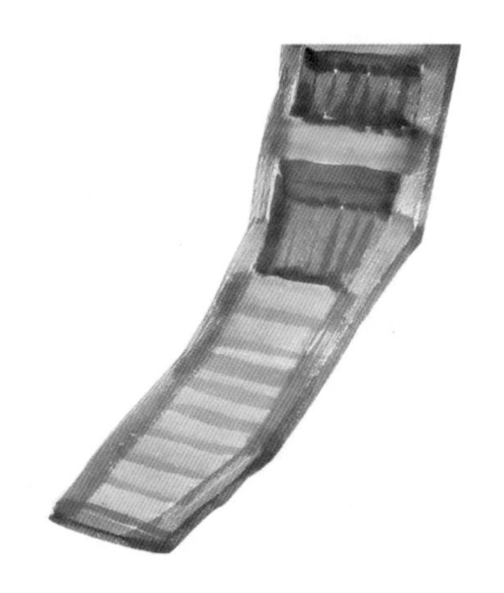

在春天搜集一些花

在春天里找一些花
这是春天的眼睛
这是春天的嘴巴

这眼睛，有绿的，有红的
也有黄的，蓝的，
是花中的欧洲人

这嘴巴，有圆的，有方的
有抿成一条线的
张大嘴巴的，是
脾气张扬的
抿成一条线的，是
脾气羞涩的

我把它放在教室里
只准看
不能大声喧哗

清明

唐·杜牧

清明时节雨纷纷，
路上行人欲断魂。
借问酒家何处有？
牧童遥指杏花村。

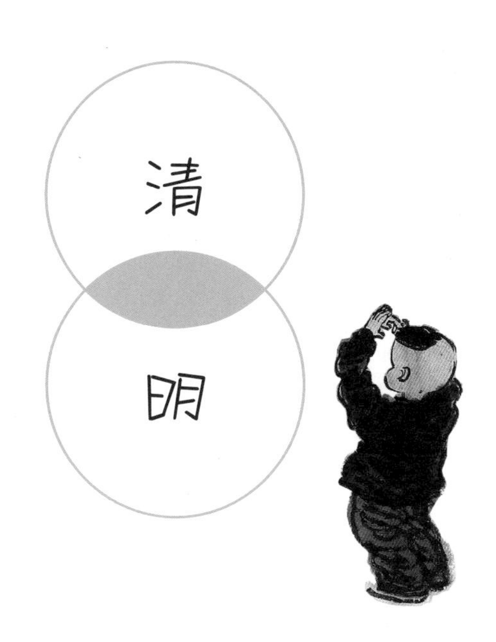

清明　清明是二十四节气中的第五个节气，又名“三月节”或“踏青节”。

《历书》中说：“春分后十五日，斗指丁，为清明，时万物皆洁齐而清明，盖时当气清景明，万物皆显，因此得名。”此时气温上升，我国南部雾气少，北部风沙消失，空气通透性好。

清明往往在寒食之后，寒食，一般在清明节的前一两天。“寒食春过半，花秾鸟复娇。从来禁火日，会接清明朝。”

清明

杏花村在哪里？

这天，这么多问路的人
都向杏花村去
杏花村的小学生
在回答问路人的时候
发现问路人的嗓子
都带着哭腔
眼里的泪水
和天上的雨水一样
用手帕也擦不干

杏花村的杏花
在半空中
围成半个花圈

春雨的脚丫

春雨的脚丫
是肉肉的，嫩嫩的
有点像棉花，有点像海绵
他踩在什么东西上面
就像用小手挠痒痒

踩踩屋脊
踩踩瓦檐
在花朵的上面跺脚
被花推下去
在窗玻璃上溜冰
蹭了一个屁股墩

春雨的脚丫一点都不安生
他想从河的这岸
跑到对岸去
当他走到河的中央
就走不动了
一个漩涡过来
把他淹没在水里

春雨的脚丫湿了
他想爬到岸上
在岸上等太阳把他的脚丫晾干
其实春雨傻了
等晾干了脚丫
他连家也找不到
他连家也回不去啊

老圃堂

唐·曹邺

邵平瓜地接吾庐，
谷雨干时手自锄。
昨日春风欺不在，
就床吹落读残书。

一候，萍始生　二候，鸣鸠拂其羽　三候，戴胜降于桑

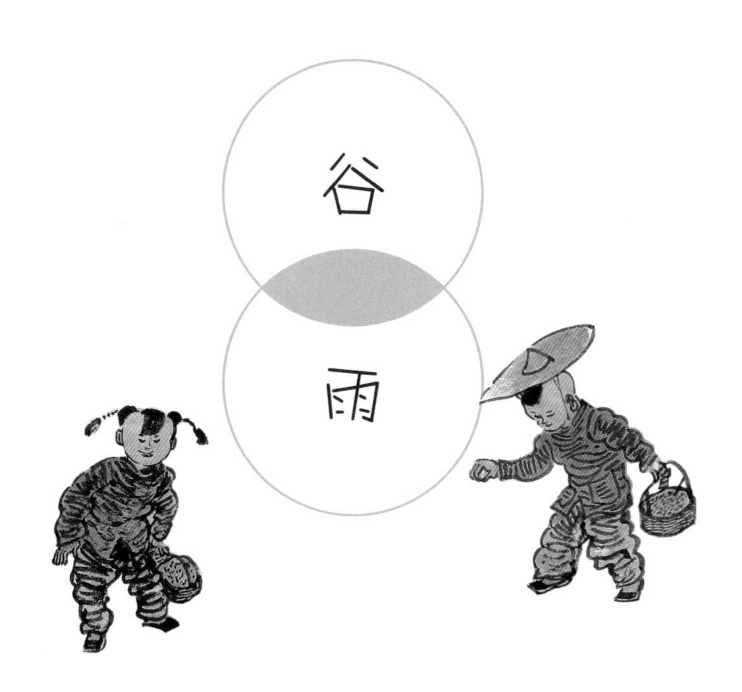

谷雨　源自古人“雨生百谷”之说，同时也是播种移苗、埯瓜点豆的最佳时节。“清明断雪，谷雨断霜。”谷雨是春季最后一个节气，谷雨节气的到来意味着寒潮天气基本结束，气温回升加快，非常有利于谷类农作物的生长。俗话说：“谷雨三朝看牡丹。”牡丹花开后，春天就要和大家告别了。

多少粒的谷子才能长成雨啊?

多少的雨才够

小树、庄稼、花朵的洗澡水啊?

那些点豆的农夫

躲在雨的玻璃后面

数着雨滴一颗两颗

也数着种子一颗两颗

这雨滴

就变成夏天的花朵

就变成秋天的玉米

你问我多少颗雨滴才能

长成一朵花

你问我多少颗雨滴才能

长成一个玉米

我说，小学的四则混合运算

你忘记了么

你在大地的草稿纸上算吧

做一次春天的贼

你趁黑夜，打着灯笼
当夜深的时候
你想把春天装在口袋里偷走

你打着灯笼
在大地上嗅来嗅去
这漫山遍野的花朵的香气
从哪里下手
你想叫着那些花朵的名字
你说要在口袋里给他们讲故事
在口袋里发棒棒糖
你摸着杏花的头发
摸着桃花的耳朵
你对那些花大喊
到冬天开花
我要带你们
去一个地方
你们愿意试一下么

春天的远近和东西

春天能走很远，背着干粮、水壶、靴子，甚至

防寒的睡袋

有时候，春天也能走得很近

就在村边，把池塘当成杯子揽在怀里

把鸟巢当作念珠

把柳梢当作抚摸

春天在东边出发

和田螺说话，与蝴蝶比衣衫

转眼间，就把青蛙捧成王子

把西面，留给黄昏

就像涂抹油漆桶

把天涂成黄与红

春就是改不掉冲动的脾气

一不小心，把油漆桶踢翻了

连夕阳也成了蛋黄色

透着奶油的好味道

夏

初夏

宋·朱淑真

竹摇清影罩幽窗，
两两时禽噪夕阳。
谢却海棠飞尽絮，
困人天气日初长。

一候，蝼蝈鸣　二候，蚯蚓出　三候，王瓜生

立夏　立夏是夏季的第一个节气。在天文学上，立夏表示春天已经过去，夏天即将开始。人们习惯上都把立夏当作是温度明显升高、炎暑将临、雷雨增多、农作物进入旺季生长的一个重要节气。

醉了的花到不了夏季

总有一些花，按捺不住性子

管不住自己的小嘴

春风提醒它们

少喝点，少喝点

那些花朵举着自己的杯子

喝得酩酊大醉

满脸通红

喝得东倒西歪

最后就醉倒在通往夏季的路上

还一再嚷嚷

再让我干了这一杯

夏天怎样来

夏天是被蛙声喊来的
先是喊夏天的奶名
就像村子里喊
二狗快来，铁锤快来
接着青蛙就大叫着点名
青蛙说，我喊到名字的
就答“到”

青蛙说，荷花来了么
荷花羞红着脸答，来了
青蛙说，高温来了么
太阳说，高温来了
青蛙说，知了来了么
知了说，我的嗓子都喊哑了

最后，青蛙喊
夏天，夏天，夏天
重要的事情都得说三遍
这时夏天戴着草帽来了
脖子里还搭块白毛巾
如一个农夫
站在烈日下

自桃川至辰州绝句四十有二（三十二）

宋·赵蕃

一春多雨夏当悭，
今岁还防似去年。
玉历检来知小满，
又愁阴久碍蚕眠。

一候，苦菜秀　二候，靡草死　三候，麦秋至

小满　每年公历的五月二十一日前后为小满节气。“四月中，小满者，物至于此小得盈满”，其含义是夏熟作物的籽粒开始灌浆饱满，但还未成熟，只是小满，还未大满。

胖蘑菇

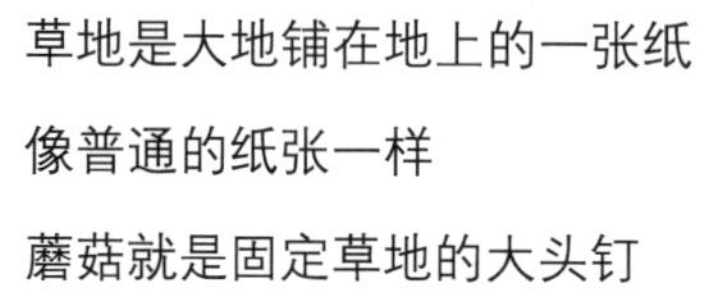
草地是大地铺在地上的一张纸
像普通的纸张一样
蘑菇就是固定草地的大头钉

当风起的时候，纸张会卷起来
草地也会卷起来
风先卷起草地的一角
把上面的花卷起来
那些花眨着眼睛
不知会被卷到哪里去
阳光也会被卷起来
阳光懵懵懂懂
不知会被卷到何处

这时蘑菇出来了
它钉住卷起的草地的一角
然后啪啪啪
把草地的角都钉起来了
一个蘑菇就是一个大头钉
一个大头钉就是一朵花
一个大头钉就是一朵阳光

风再来的时候
草地铺在大地上
结结实实
草地的每个角落
都是一个个的蘑菇大头钉

绿蚂蚱、红蚂蚱

蚂蚱的弹簧是谁安上的?
蚂蚱的弹簧在哪里?
在小蛮腰上?
在大长腿的肌肉里?
还是安在它们的翅膀里?
我们看不出来
你说蚂蚱的弹簧安在哪里?

反正它跳的时候
我们看不见弹簧
只知道
它超过一大片花的距离
超过一大片草的距离
从河的这岸
嗖的一下
就弹到对岸的水草里

蚂蚱的弹簧安在哪里?
这是夏天的一个秘密
我们知道
蚂蚱是夏天运动会上
跳远的冠军
谁都没法比

梅雨五绝（其二）

宋·范成大

乙酉甲申雷雨惊，
乘除却贺芒种晴。
插秧先插早秈稻，
少忍数旬蒸米成。

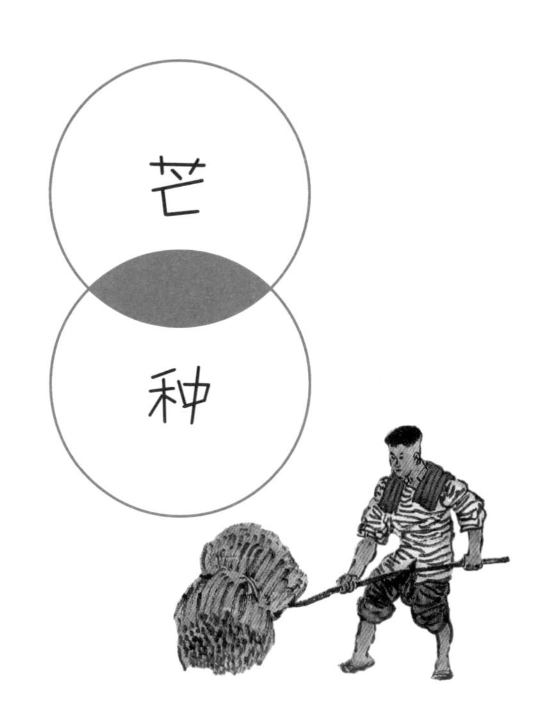

芒种　芒种一般在每年公历的六月六日前后。这个“芒”是指稻麦，麦子到此时开始成熟，田野里弥漫着新麦的清香。“芒种”一词，最早出自《周礼》的“泽草所生，种之芒种”。东汉郑玄的解释是：“泽草之所生，其地可种芒种，芒种，稻麦也。”

芒种

蚂蚁抬着一粒粒的麦粒回家了
它们的肩头红肿
但长长的触须如乡村的皱纹
都舒展开了
一只螳螂正在练习飞刀
但没有伤着蜻蜓的一根毫毛
蜻蜓一耸肩
扇着幻想的翅膀
到夕阳那边去了

红蜻蜓

抱歉，我叫不上你的名字
看你比夏天还高
我真羡慕你
你叫丁丁或者东东吧
就像我们是一年级的同学
我点名，你起立说：到

我们到池塘去
我们到草地去
我们量一量荷叶的宽度
是否够青蛙铺上床铺
我们看一看蚂蚁回家的路上
是否有露珠挡路
蜻蜓不搭理我
飞走了
是否我叫错了
它的名字?

捉蝈蝈

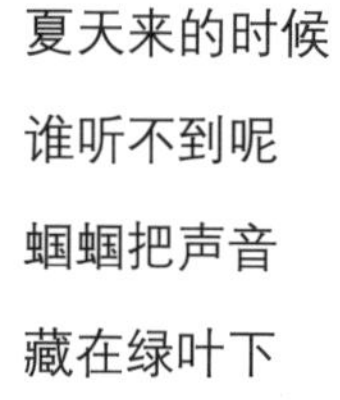

夏天来的时候
谁听不到呢
蝈蝈把声音
藏在绿叶下

夏天来的时候
谁听不到呢
蝈蝈把声音
藏在丝瓜花下

夏天来的时候
谁听不到呢
蝈蝈把声音
藏在书包下

不是所有的蝈蝈
都能和童年捉迷藏
童年在草下
在丝瓜花下
一下就把那声音捉住了
就像用双手捉住一朵花

这声音藏在哪里呢
把它们放在书包里
挂到学校的窗子下

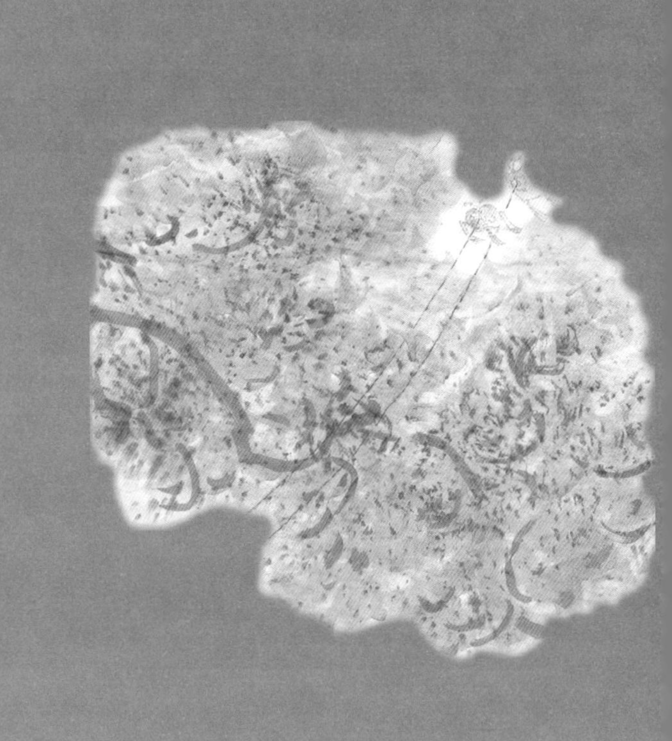

和梦得夏至忆苏州呈卢宾客

唐·白居易

忆在苏州日，常谙夏至筵。
粽香筒竹嫩，炙脆子鹅鲜。
水国多台榭，吴风尚管弦。
每家皆有酒，无处不过船。
交印君相次，褰帷我在前。
此乡俱老矣，东望共依然。
洛下麦秋月，江南梅雨天。
齐云楼上事，已上十三年。

一候，鹿角解　二候，蜩始鸣　三候，半夏生

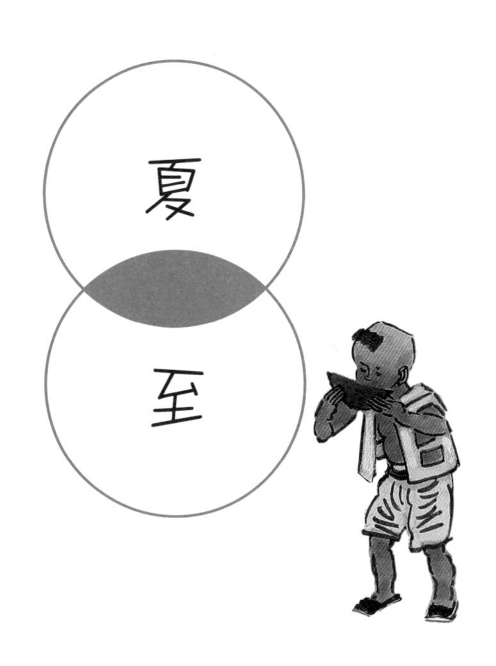

夏至　夏至这天，太阳直射地面的位置到达一年中的最北端，几乎直射北回归线，此时，北半球的日照时间最长。这一天，北半球得到的阳光最多。

天文专家称，夏至是太阳的转折点，这天过后它将走“回头路”，直射点开始向南移。夏至后，北半球白昼时间逐日减少。同时，夏至到来后，夜空星象也逐渐变成夏季星空。

夏为大，至为极，万物到此壮大繁茂到极点，阳气也达到极致，所以夏至这一天是一年中夜最短、昼最长的一天。

就像有人把铁匠的炉子
踢翻了
那火球滚得四处都是
当火球到了村头的那口井
它探头往里喊：
“井下有人么？”
井传出回声：
“井下有人么？”
接着火球跳下去
它要冲下凉

太阳在加温
把日子烤了再烤
心都成了烫的了
奶奶的蒲扇，把心也扇不凉
知了在树梢大声喊叫
就如整个世界被火车的轮子
碾过

蝉的嗓子

整个夏天
都是蝉为这个季节振翅而歌
不给天和地留下
一丝的寂寞和空白
无论白昼
还是黑夜
蝉都兢兢业业
蝉把自己的家安在树上
也把自己的喇叭安在树上
有时一棵树上，有几只喇叭
它们叫啊，叫啊
有的长，有的短
有的歇息，有的换班
有一天，一个孩子问老师
蝉讲的咋不是英语?
如果那样，英语
早已在乡村不是难题
老师说，蝉，讲的是汉语
是方言，不是普通话

后来，蝉留下了一件外衣
蝉声也没有了
夏收藏起来
它要制成标本
把叫声储存到明天

蜻蜓就是荷花的梦

荷花总好站着做梦
单腿站在池塘里

它做的梦有颜色
五彩缤纷
荷花的梦有翅膀
蜻蜓就是它梦游的翅膀

每到晚上，
蜻蜓就出去了
它们四处张望
它们飞到书包的梦里
也给书包插上翅膀
它们飞到粉笔的梦里
给粉笔插上翅膀

到了白天，这些梦累了
你会看到
一只蜻蜓飞来了
小荷就踮起脚尖
把梦轻轻地捧在手上
小荷举着蜻蜓
那是小荷的梦
绽开在美美的池上

赠别王侍御赴上都（节选）

唐·韩翃

相思掩泣复何如，
公子门前人渐疏。
幸有心期当小暑，
葛衣纱帽望回车。

一候，温风至　二候，蟋蟀居壁　三候，鹰始鸷

小暑　夏至后十五日，每年公历的七月七日或八日为小暑节气。暑，表示炎热的意思，小暑为小热，还不十分热。这时天气开始炎热，但还没到最热。

我渴，我渴
所有的井盖都打开
所有的水管都打开
天也要揭开盖子
让小树也脱光
那些长虫也蜕皮
大家都想洗一洗
昨天洗了，今天也要洗
早晨洗了，晚上也要洗
大地上的一切
好像水就是橡皮
能把汗与污和热，都能擦去

温度又在树上爬高五厘米
屋檐成了所有虫子的草帽
大家都躲在草帽下乘凉
小鸡躲到母鸡的翅膀下
那翅膀就是不用电的风扇
经久耐用
童年端着青花瓷的碗求雨
让所有九十厘米还够不着买票的小树
也端着青花瓷的碗求雨
远处，有了雷声
快戴上斗笠
看天是否漏雨

把蝌蚪养在罐头瓶里

在童年，把蝌蚪养在一个

透明的罐头瓶里

我让花瓣陪它

我喜欢它长长的尾巴

尾巴划着水

像一根竹竿拖在身后

被供奉的这只蝌蚪

却凝望着外面的大片天地

它用尾巴的竹竿像撑竿跳

逃出了罐头瓶

竹竿丢在瓶子里

你关得住蝌蚪

关得住尾巴

却关不住尾巴的弹跳和蛙鸣

蒲扇

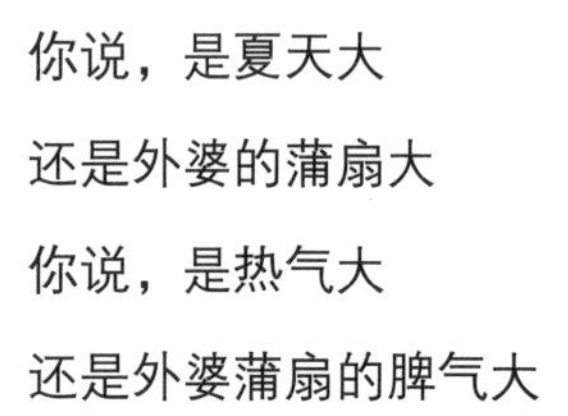

你说，是夏天大
还是外婆的蒲扇大
你说，是热气大
还是外婆蒲扇的脾气大

外婆的蒲扇
可以把树叶子的汗珠扇去
可以把星星扇到村前的小河里
村前小河里的星星
蹦跳着脱下衣服
光着屁股
你说顽皮不顽皮

外婆的蒲扇
可以把嗡嗡叫的蚊子的翅膀扇去
没有翅膀的蚊子
如做错事的小狗
没有一点脾气

外婆的蒲扇
就是冬天吹的一口气
穿过春天
把夏季吹歪了
扶不起

外婆的蒲扇
应该申请非遗
放到黄金的博物馆去

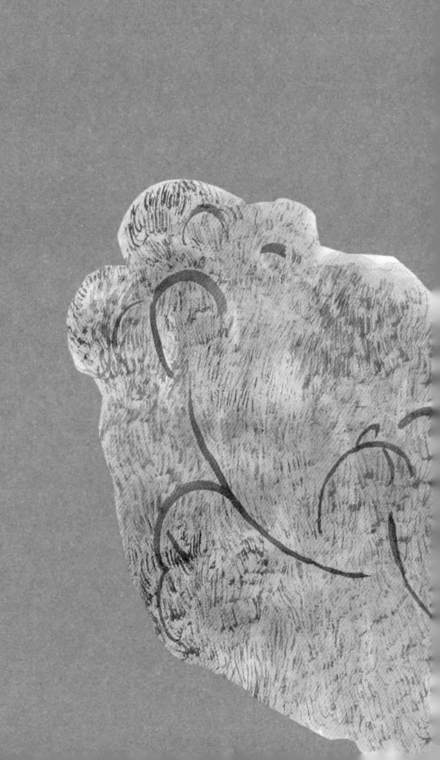

大暑

宋·曾几

赤日几时过，清风无处寻。

经书聊枕籍，瓜李漫浮沉。

兰若静复静，茅茨深又深。

炎蒸乃如许，那更惜分阴。

一候，腐草为萤　二候，土润溽暑　三候，大雨时行

大暑　夏季的最后一个节气，天热到极点。还是东汉刘熙的《释名》解释得准确："暑是煮，火气在下，骄阳在上，熏蒸其中为湿热，人如在蒸笼之中。"

《月令七十二候集解》中说："暑，热也，就热之中分为大小，月初为小，月中为大，今则热气犹大也。"大暑节气正值"三伏天"里的"中伏"前后，是一年中最热的时期，气温最高，农作物生长最快，同时，很多地区的旱、涝等各种自然灾害也最为频繁。

蟋蟀开始在屋檐下

乘凉

它手里的蒲扇一再提醒萤火虫不要

乱跑

有些不听话的萤火虫

就打着灯笼追流星去了

好像故意和流星比赛

让蟋蟀知道

光可以自己飞出身体

大暑天的太阳个子很高

我们很矮

大暑天的衣裳很薄

就是一片树叶

挡住害羞

大暑天热情太高

嘴唇被烤出了燎泡

只有零度才能压住

于是

冰激凌都让给白云吃吧

说不定

那白云激动了就向雨打个借条

借一下雨的灭火器

给大家浑身的火苗浇一浇

萤火与星光

在夏夜，天上的星星
和萤火虫一样多
在夏夜，地上的萤火虫
和星星一样多
它们都各自提着自己的小灯笼
好像比照着
照耀着各自发光的灵魂

有多少夏夜，就有多少萤火虫
有多少萤火虫，就有多少星星
不知多少星星才能把
蔚蓝色天空的广场
排满
不知多少萤火虫才能把
穿着又宽又大的蓝衣裳
怀揣着梦想的小学生
照得发光

我知道，童年最奢侈
一尺之外
就用星星堆成汪洋
就用萤火堆成汪洋

雨是从天上抽出来的

雨不是无缘无故就出来的
它是有人在天上
架起了水泵
把天河里的水
用管子连接起来
那雷声
就是柴油机
喘几口粗气
就响几声雷鸣
水泵转得快
雨就下得大
水泵熄火了
天上就出现了彩虹

秋

立秋日

宋·刘翰

乳鸦啼散玉屏空，
一枕新凉一扇风。
睡起秋声无觅处，
满阶梧叶月明中。

一候，凉风至　二候，白露降　三候，寒蝉鸣

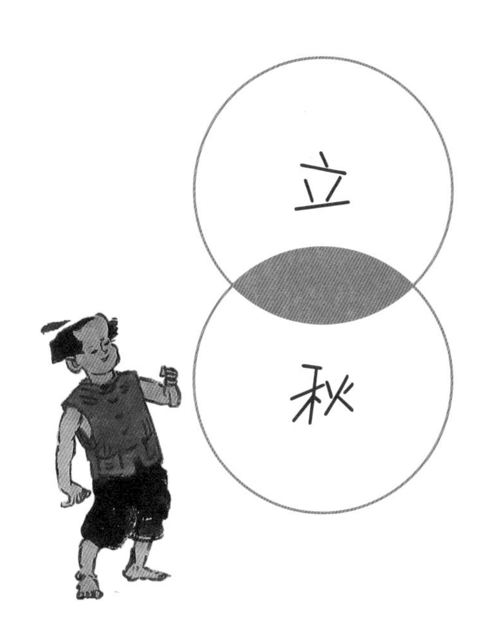

立秋　立秋是秋季的第一个节气。“秋”就是指暑去凉来，意味着秋天的开始。到了立秋，梧桐树开始落叶，因此有“落叶知秋”的成语。从文字角度来看，“秋”字由禾与火两个字组成，是禾谷成熟的意思。秋季是天气由热转凉，再由凉转寒的过渡性季节，立秋是秋季的开始。

先派出一张树叶，这是
秋的圣旨
圣旨说，阳光要谦虚些
苹果可以红一些
风可以温柔些
汗滴可以爬得慢一些

风在这天改名字
雨在这天改名字
老虎在这天也改名字
就叫秋老虎
老虎的牙齿开始不再坚硬
老虎的心肠开始柔软
蝉在这一天感到了
风的风凉话而
不寒而栗
绿也准备后撤
梧桐早早地把外套脱下
直到还剩最后一条内裤
大家都会看
梧桐的笑话

网住秋天

我有一个捉蝴蝶的网
但我想用它捉住秋天
把白云捉住
让白云在我身后散步
我看这样子
在班里谁还敢和我比富足?

但第二天，天上仍旧有白云
我的网会有理由
它捉住了白云
但由于网眼太大
难免有一片两片的白云
偷偷地溜走

对了，我要提个要求
溜走的白云要写留言条
不能留白
一定要把理由说足

立秋

秋天的菜园子

风来到秋天的菜园子
起立和夹道欢迎的是成熟的老扁豆
它率领那些辣椒，把嘴唇涂红
让那些萝卜，举起手里的花环
还有南瓜唱着迎宾曲
像迎接来访的外国元首

谁不喜欢秋天啊?
风一来，菜园子就铺上了红毯
吉祥的标语贴出来
风踩在田埂上，松软得如弹簧
它感觉，就像在菜地里成亲

风走到菜地中央，站在莴苣的叶子上
拍拍话筒
风说，我要向大家祝贺
我们的明天，就是收获

风来到秋天的菜园子
眼睛好像不够用
就像一只虫子
钻到菜心里
到处都是好吃的东西

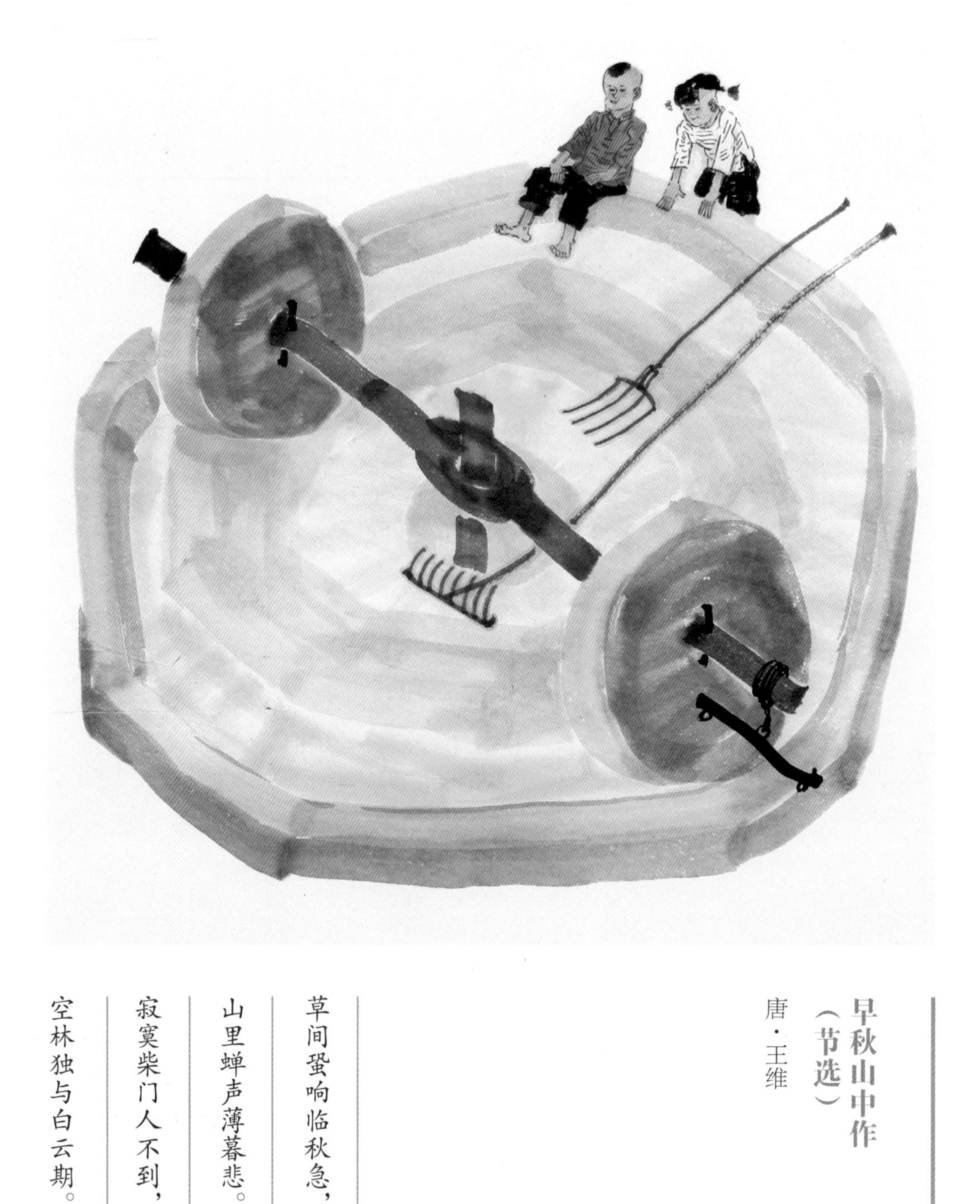

早秋山中作（节选）

唐·王维

草间蛩响临秋急，
山里蝉声薄暮悲。
寂寞柴门人不到，
空林独与白云期。

一候，鹰乃祭鸟　二候，天地始肃　三候，禾乃登

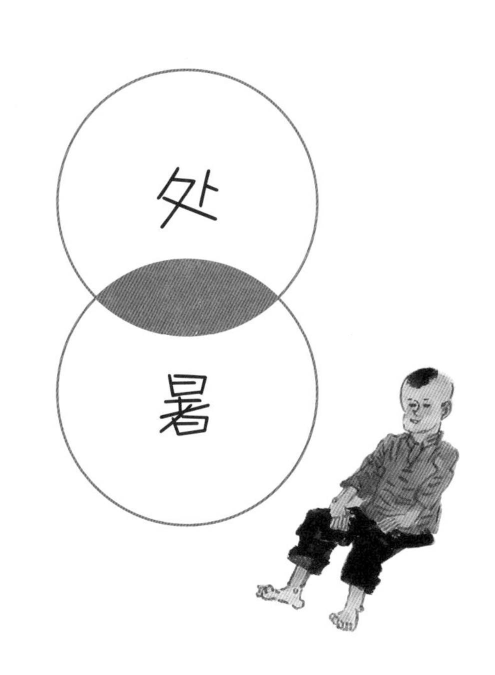

处暑　《月令七十二候集解》中说：“七月中，处，止也，暑气至此而止矣。”处暑的“处”是指“终止”，处暑的意思是“夏天暑热正式终止”。所以有俗语说，争秋夺暑，是指立秋和处暑之间的时间，虽然秋季已经来临，但夏天的暑气仍然未减，尽管早晚已有些浓重的凉意。

醉醺醺的蛐蛐

在夏天的夜里
不喝酒的蛐蛐
总是胆小地叫
蹑手蹑脚地叫
屏着呼吸地叫

等秋风把它灌醉了
夜里，有月光也好
没月光也罢
你再听东倒西斜的蛐蛐吧
那叫声也有了力量
喝醉酒，还怕啥
蛐蛐醉醺醺地说酒话
说胡说八道的话

秋天的蛐蛐叫
总能闻到一股酒香，那是
山楂偷偷酿的酒
那是
红薯酿的酒
被蛐蛐跳到酒缸里
偷偷喝了
喝得蛐蛐满脸通红

听啊，在秋天，
总有一些庄子里的蛐蛐
扯着嗓子
叫啊叫啊
好像嗓子里装了许多小喇叭

秋天的向日葵是睡着的

向日葵在秋天是睡着的
它们每人都有一个黑色的枕头
互相并排睡下
有的脚并脚
有的头抵头
都是一奶同胞
都是孪生的兄弟或姊妹
大家的模样都差不多
个头也一样
说话的口吻也一样

一粒向日葵
就像一滴露珠
也像一滴雨点
或者是一尾蝌蚪

这露珠来年会开花
雨点也会
蝌蚪也会
开花的露珠是弯腰的
开花的雨点是弯腰的
开花的蝌蚪是弯腰的

当向日葵不再睡觉
它们兄弟姊妹
就要挥手
说：一路走好

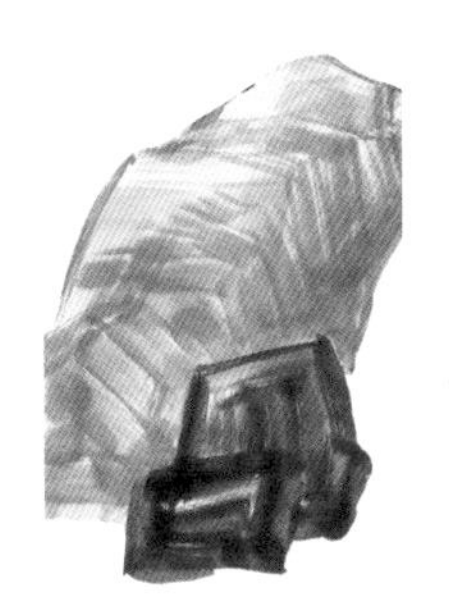

玉阶怨

唐·李白

玉阶生白露，

夜久侵罗袜。

却下水晶帘，

玲珑望秋月。

白露　《月令七十二候集解》中说：“八月节，秋属金，金色白，阴气渐重，露凝而白也。”天气渐渐转凉，在清晨时分会发现地面和叶子上有许多露珠，这是因夜晚水汽凝结在上面，故而得名。进入“白露”，晚上会感到一丝丝的凉意。

《诗经》中有名句“蒹葭苍苍，白露为霜。所谓伊人，在水一方”。这是“白露”入诗的源头，随后便经常出现在诗中。

白露

我一直想不通
是白鹭把白露带来的
还是白露把白鹭的翅膀
染白的
一定是白鹭的羽毛掉了一地
村头上一片，田野里一片
小山羊的额头一片
窗棂上一片
大地一片白
那是白鹭来开会

童年的眼珠是黑的
在乡村
熠熠发光
露水的肚皮是白的
像新发下来的算术本
夜也是白的
白花花的
那晚，我起来小便
看到窗外
露珠挂在窗棂上的蜘蛛网上
晃荡着打秋千

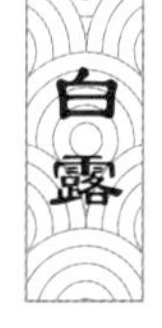

秋天是踩着露珠的玻璃球来的

秋天来了
踩着露珠的玻璃球来的
那透明的玻璃球
有着冰的质地和脾气
也有太阳的红脸
在路边
在田野
在草叶上
玻璃球滚着
秋如马球团的小丑
走得欢快而麻利

秋的运动鞋的鞋底有着
大地的体温
它记录着
露水、霜花
也记录着黎明前
牛的犄角挑出的月亮
就如追光灯
照着秋天在玻璃球上的摇晃
稍一闪失
秋就会把膝盖摔伤

白露

稻草人

黄昏的时候
一个回家的人迷路了
他站在田野里
眼睛里满是飞鸟的鸣叫
满是树枝上温暖的鸟巢

我看到他走近稻草人
他们互相问好、耳语
然后这人满意地点点头
顺着稻草人手指的方向
他走到了一个村庄里
敲开一扇门

稻草人什么时候回家呢?
天黑了
漫天的星星在稻草人的头顶
如花朵开在夜空
有花朵的夜空
如一床绣花的被子
那就让
稻草人
枕着土快睡吧
种子说：你好
稻草人，我们是邻居

有一天，稻草人的肩上
飞来了一只麻雀
她开始在稻草人的脑袋上做窝

有个农夫过来
把自己的草帽摘下来
替稻草人戴上
那草帽覆盖着一脑袋雏鸟的欢叫

稻草人的 DNA 就是农夫的基因
你看他的脸是菜色的
如农夫
他的表情呆滞
如农夫
他沉默寡言
也如农夫

稻草人对祸害谷物的鸟儿
只是虚张声势
慈悲如佛
这也像农夫
农夫对生灵从不痛下杀手

有一天，霜
落白了稻草人的眉毛
这时的村庄开始在零度上下徘徊
远处的村子也是白的
有人轻轻在窗子上哈一口气
然后用手指
在玻璃上画出一条路
他说
这是稻草人走的路

秋词二首（其二）

唐·刘禹锡

山明水净夜来霜，

数树深红出浅黄。

试上高楼清入骨，

岂如春色嗾（sǒu）人狂。

一候，雷始收声　二候，蛰虫坏　三候，水始涸

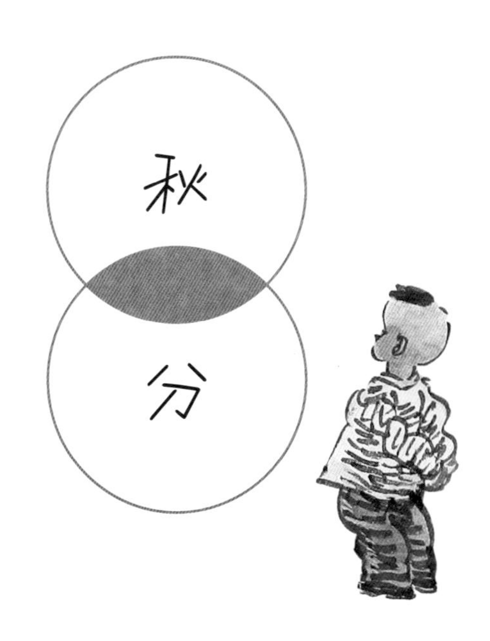

秋分　秋分一般在每年公历的九月二十二或二十三日。南方的气候由这一节气起才开始入秋。太阳在这一天直射地球赤道，二十四小时昼夜均分，各十二小时；全球无极昼极夜现象。秋分至，九十天的秋天就过了一半。春分与秋分都是昼夜平分，只不过春分后，雷发声，燕子飞回，夜越来越短；秋分后，雷收声，燕飞走，夜越来越长。春分后，春水长流而浩荡；秋分后，秋水蹉跎，逐渐凝滞。

秋分

蟋蟀

在秋天的夜里，在灶台
我看到很多的蟋蟀
它们趋光
如一个个绷紧又松开的弹簧
有时在水缸，有时在柴垛
有时在人的衣襟
甚至在人的饭碗里
它们开自己的音乐会
有时吹，有时拉，
有时弹，有时唱
它们是快乐的一群

我们的牛累了
这些牛下晌回来
跪在地上
哞的一声 ，像是应答那些蟋蟀
这样的粗嗓门，才是
故乡的肺活量

秋天的谷仓镶银边

秋天的谷仓，是整个的乡村
每一间都是粮食的口袋
这口袋有谷物，也有白云
这里的云和诗歌里的云连着

谷仓的嘴唇边是河流的口琴
每天夜晚，就有欢乐的曲子
围绕着每一粒谷物
蟋蟀在口琴的伴奏下，夜夜朗诵
唧唧复唧唧的乡愁
秋天的谷仓把夜幕当成天窗
那漫天的星斗
像一粒粒发光的谷子
村庄的田鼠，夜夜仰望着发光的谷子
想有一天，有福了，能咬上一口

当月亮升起，那谷仓的边就成了银色的
透过夜色
镶银边的谷仓，让田鼠兴奋不已

池上（节选）

唐·白居易

袅袅凉风动，
凄凄寒露零。
兰衰花始白，
荷破叶犹青。

一候，鸿雁来宾　二候，雀入大水为蛤　三候，菊有黄华

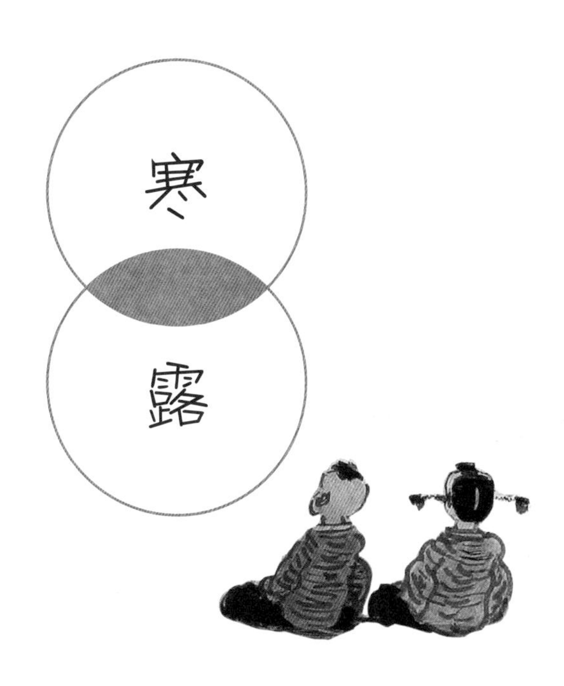

寒露　《月令七十二候集解》中说：“九月节，露气寒冷，将凝结也。”寒露的意思是气温比白露时更低，地面的露水更冷，快要凝结成霜了。白露、寒露、霜降三个节气，都表示水汽凝结现象，而寒露是气候从凉爽到寒冷的过渡。夜晚，仰望星空，你会发现星空换季，代表盛夏的“大火星”已西沉。我们可以隐约听到冬天的脚步声了。

把微微隆起的小水珠
分五份
一份给菊花
一份给稻草人
一份给星星
剩下的两份，给母亲的肩头
左肩是倾斜的大地
右肩是收获的红薯

乡村开始把衣领竖起来
刺猬也开始
把衣领竖起来
白菜把紧裹的衣服
裹得不能再紧
这就叫抱团取暖
这时候，光脚有点凉啊
狐狸在经过乡村的时候
迈步有点迟疑

月光的羽毛

这是在村头鸟巢
起飞的一只鸟
那时，天刚擦黑
这只鸟就起飞了

她先飞过屋檐
把自己的羽毛
丢在屋檐一部分
那屋檐就装饰成了银色
她飞过小河
小河的睡袍也绣上了
月光毛茸茸的羽毛
她飞一段，就掉落或者
赠给一些动物、植物自己的几根羽毛

等到了天上，你看这只鸟
光光的
圆圆的
像从星星上
滑落的一颗大大的、透明的鸟蛋
她把羽毛裹在里面
你再也看不见

寒露

月亮出来

月亮出来，把卧在巢里的鸟
吓了一跳
她把月亮当成了自己的一个鸟蛋
被谁挂到了天上

月亮出来了，把在田野上奔跑的野兔
也吓到了
她发现自己脚下的路
都成了透明的地方
她开始脚步轻轻
怕惊吓了这透明的路

月亮出来
一个孩子在用弹弓打月亮
哗啦一声
大地上落下一层厚厚的霜
孩子呆住了
他的额头上也是满满的霜
他不知道，自己闯祸了
月亮就是霜的粮仓
他的弹弓可以为月亮开仓放粮

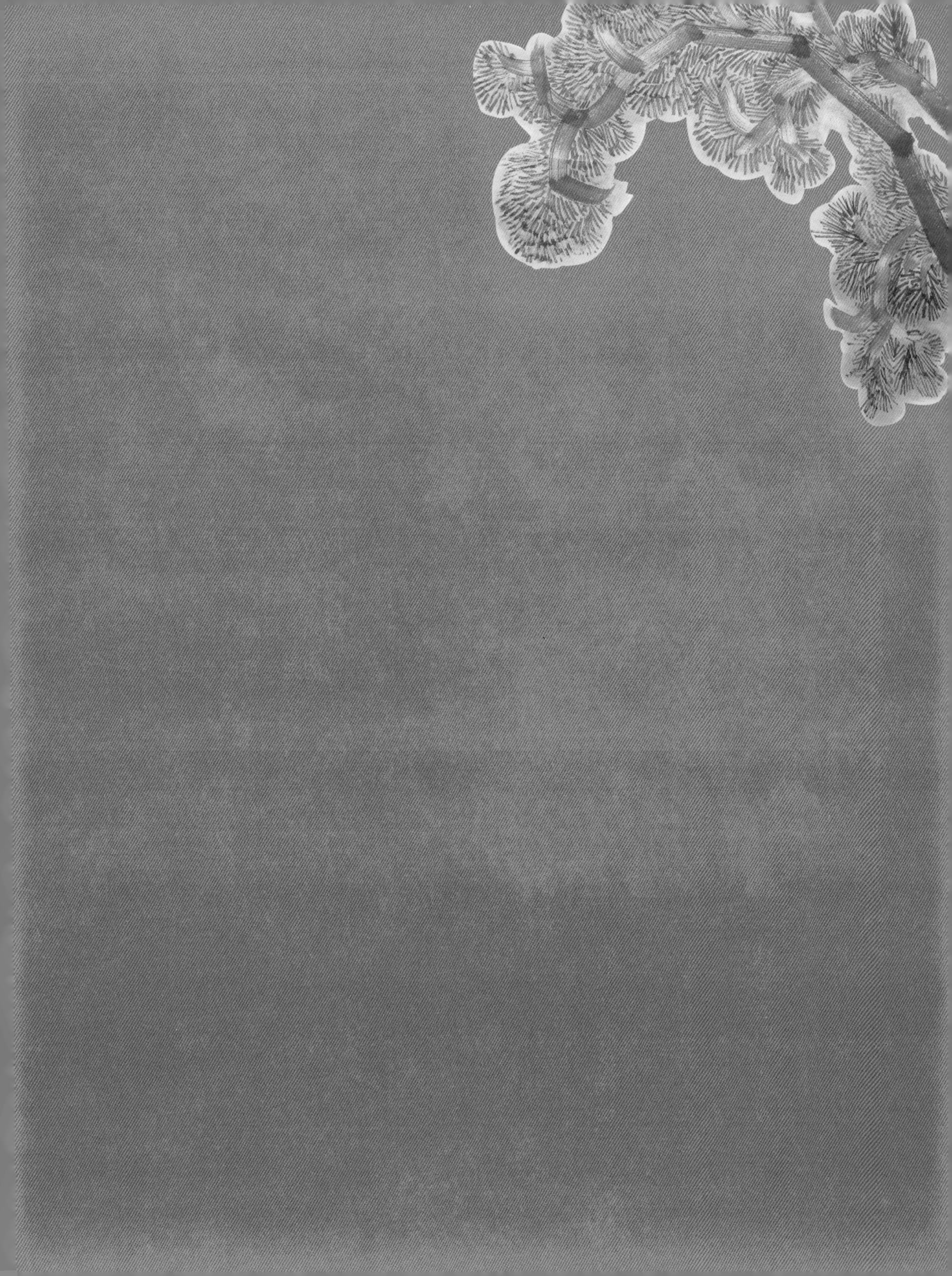

村夜

唐·白居易

霜草苍苍虫切切，
村南村北行人绝。
独出前门望野田，
月明荞麦花如雪。

一候，豺祭兽　二候，草木黄落　三候，蛰虫咸俯

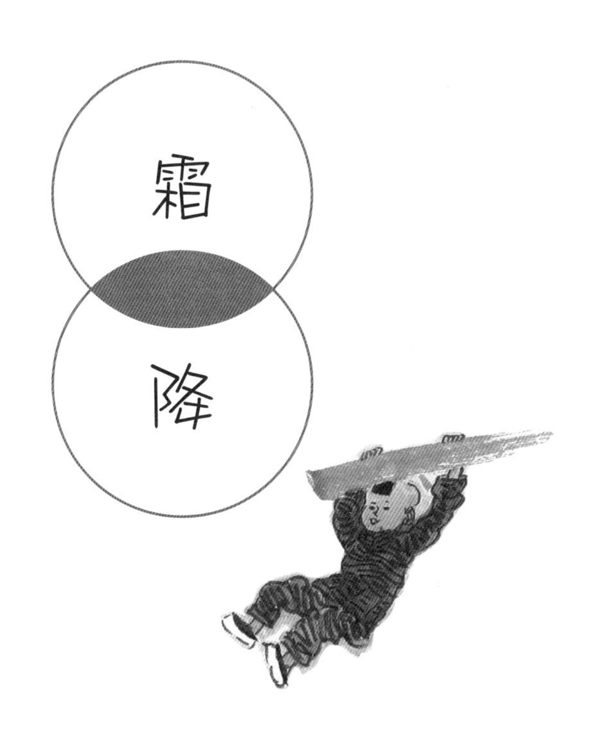

霜降　霜降节气含有天气渐冷、初霜出现的意思，是秋季的最后一个节气，也意味着冬天的开始。《月令七十二候集解》中关于霜降的解释为："九月中，气肃而凝，露结为霜矣。"古人所谓霜，丧也，霜降是一季之结束，在冬藏中，新一季又将萌生。

霜降的时候，我找不到袜子

我想用光脚去

踩一下

那白的月光

这天夜里回家

老天会备下礼物

每个人的眉毛都不是空的

都挂着白

衣服上也是

空手回家多不好啊

在灯下看到归家的父亲

他脱去坎肩

那上面，有一种

沧桑

好像月光在排队等待通过

流星的路

在黑色的夜里修条路

那路一定要透明的

要光亮的

要不黑灯瞎火的

绊着脚、崴着脚怎么办?

那路旁一个挨着一个的是

灯笼，照你回家的灯笼

点亮的灯笼，红红的

就像抱着一个一个发光的枕头

星星是不瞌睡的

它的心早已在脚前匆匆上路

心总是比脚

早早到家

当脚到了家

那心早已藏进了奶奶的皱纹

奶奶的衣领

奶奶的白发

重阳节

这天菊花早早起来

她爬到墙头上遥望

远方的脑门上插着

菊花的兄弟

晚上，门外有笃笃的敲门声。

“谁？”

“我。”

“口令？”

“菊花。”

“么事？”

“回家。”

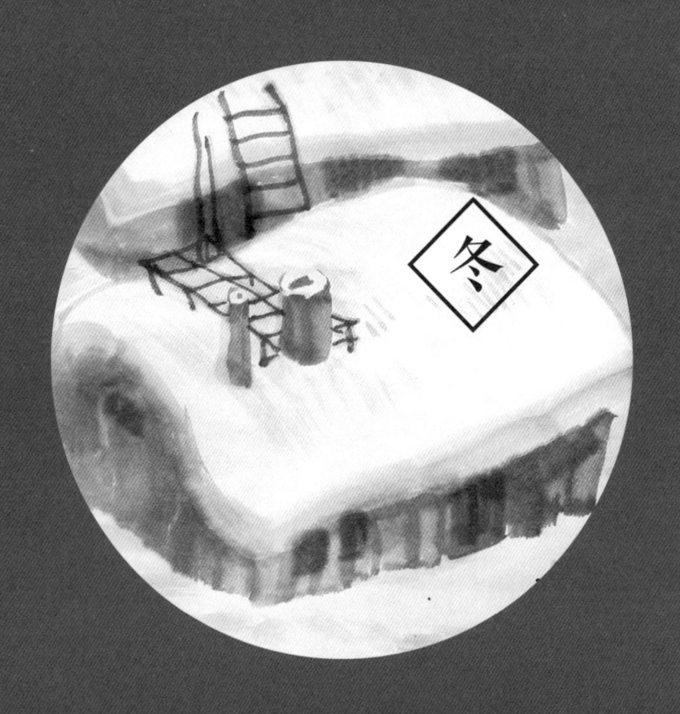
冬

立冬

唐·李白

冻笔新诗懒写，
寒炉美酒时温。
醉看墨花月白，
恍疑雪满前村。

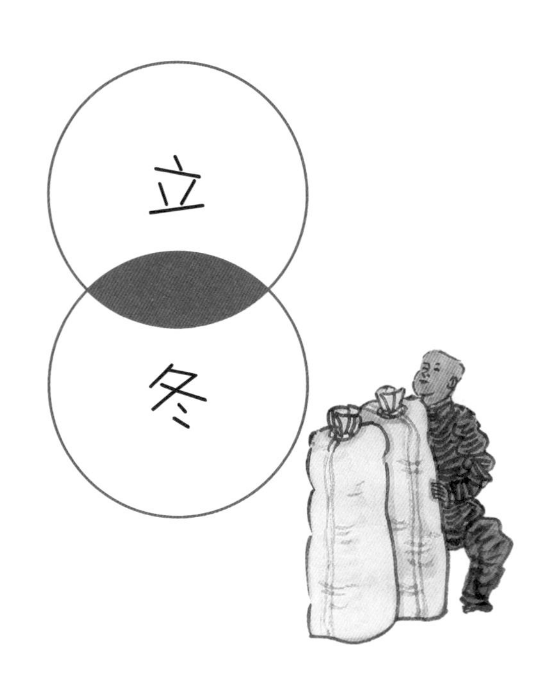

立冬　“立，建始也”，表示冬季自此开始。“冬”是“终了”的意思，有农作物收割后要收藏起来的含义，我国把立冬作为冬季的开始。

立冬，朔风起，水始凝冰。立冬五天后，土地开始冻结，拂晓朔风悲，就“蓬惊雁不飞”了。

给土豆和地瓜

加层衣裳

他们都光着头

鼻涕快流到脚踝

外婆在地窖里

把一层沙土覆盖到

那些可爱的东西身上

外婆觉得温暖

田鼠把最后的一块红薯

搬运到地心的窝巢

准备过冬的饼干

在它要关上门闩的时候

它向着树梢的寒号鸟说道：

懒鬼，再不准备冬天的棉衣

爪子会冻掉的！

田鼠的声音很大

连村庄都哆嗦了一下

天真冷啊

捕鸟记

下雪的早晨

屋檐下突然有了动静

那捕鸟的网中，有鸟的挣扎和哀鸣

父亲起来，从网中取出一只麻雀

饥饿的麻雀，瑟瑟发抖

躺在父亲手上，一动不动

忽然，我发现麻雀的眼睛

好像有一粒水珠

那么透明

我说，鸟流泪了

只这一句，父亲松开了他的手

说声，对不起，小生命

那只麻雀飞走了

回头朝着父亲叫了一声

好像是感激

好像是致敬

冬雪

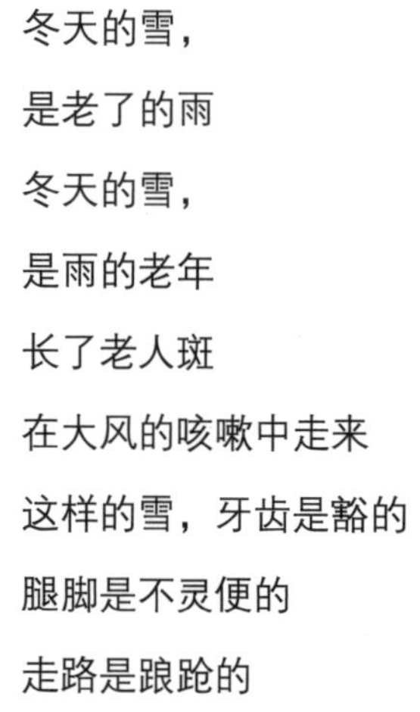

冬天的雪，
是老了的雨
冬天的雪，
是雨的老年
长了老人斑
在大风的咳嗽中走来
这样的雪，牙齿是豁的
腿脚是不灵便的
走路是踉跄的

小时候的雨，是啥时候
当然是春天了
那时的雨，是新的
是娃娃
那小胳膊小腿
都粉粉的、肉肉的
那时的雨，在田野上
撒欢一样
尥蹶子一样
想打滚就打滚
想唱曲就唱曲

但雨长着长着就老了
经过夏天的暴晒
经过秋天的暴饮暴食
想不老都难
到了冬天，雨老了
头白了
然后也安静了
躺在田野上睡去了
白了头的雨在梦中
看到一个孩子走来
那是童年的雨

小雪

唐·戴叔伦

花雪随风不厌看，
更多还肯失林峦。
愁人正在书窗下，
一片飞来一片寒。

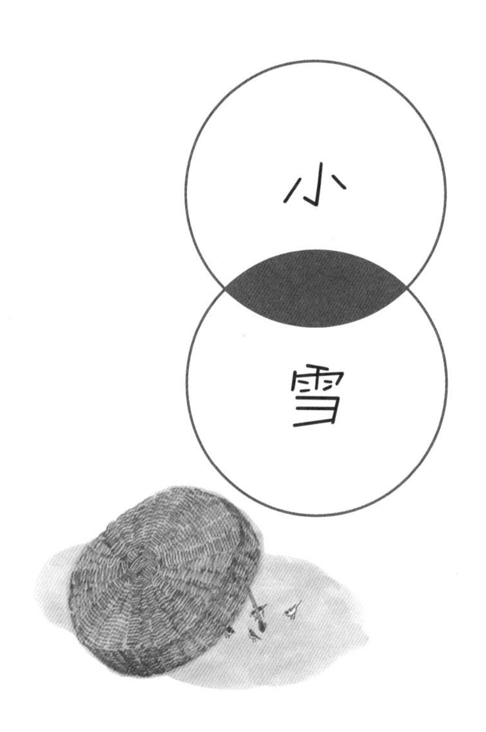

小雪　此时雪还未盛，飞扬弥漫为小雪。进入该节气，中国广大地区西北风开始成为常客，气温下降，逐渐降到零度以下，但大地尚未过于寒冷，虽开始降雪，但雪量不大，故称“小雪”。

雪夜

雪越下越大

天下的乌鸦变白了

到了黑夜

乌鸦的翅膀挂满了雪花

老奶奶知道

过不了几天

春风一刮

乌鸦的翅膀上

就是春天的雨水

开始滴答

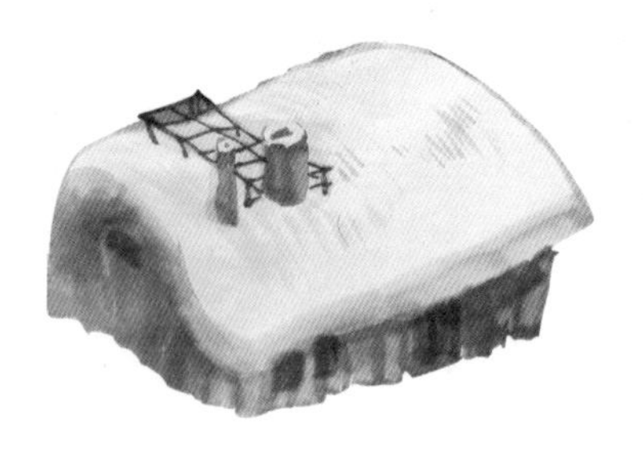

第一场雪

没有一点声音
天上
鹅的住宅就塌方了
那些羽毛惊恐地往
人间跑
狗好像感觉到了什么
站在村口
对着漫天遍野奔跑的鹅毛
大声地抗议

一切都被鹅毛占领了
给房子戴上了帽子
给树木戴上了斗笠
给学校的院墙穿上了白色的围裙
麦苗才高兴呢
它们裹着厚厚的鹅毛羽绒被
在被子下议论：
光着屁股走出被子
冷不冷?

夜雪

唐·白居易

已讶衾枕冷，
复见窗户明。
夜深知雪重，
时闻折竹声。

大雪　古人云："大者，盛也，至此而雪盛矣。"大雪的意思是天气更冷，降雪的可能性比小雪时更大了，但并不指降雪量一定很大。

雪房子

用雪建一座房子

门和窗是雪的

灶台和床铺是雪的

灯光也是雪的

我们在雪的包裹里

我们在雪的房子里走路要轻

我们不要弄脏了雪的木地板

我们的鞋子和雪学会相亲相爱

我们不惊吓雪

让一朵雪花

把我们当成一株树

她开在我们的眉上、喉咙上

如果雪化了

那就把我们的眼睛和心肺洗净

雪花

漫空飘洒的哪一朵
写给大地的留言最动人?
哪一朵上面没有错别字?
哪一朵上面有羞涩?
哪一朵上面有脏话?

哪一朵留给大地的是童年题词?
哪一朵是空白的
是上帝给童年布置的作业?

邯郸冬至夜思家

唐·白居易

邯郸驿里逢冬至，
抱膝灯前影伴身。
想得家中夜深坐，
还应说着远行人。

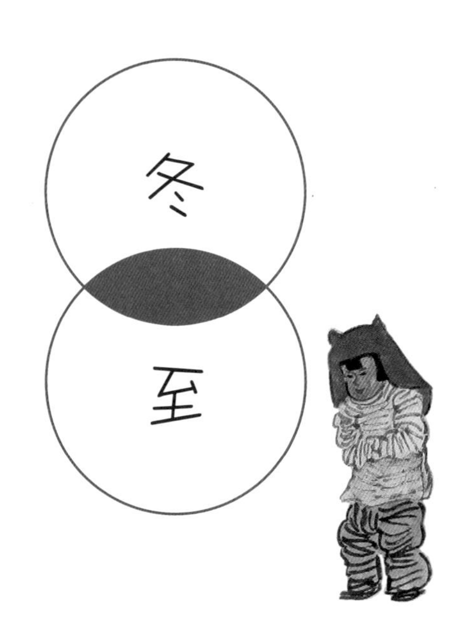

冬至　冬至一般在每年公历的十二月二十二日前后，“至”是极致的意思，冬藏之气至此而极，是中国农历中一个非常重要的节气，也是中华民族的一个传统节日。冬至这天，太阳直射地面的位置到达一年的最南端，北半球的白昼达到最短，且越往北白昼越短，而且从这天开始“进九”，也就是一年中最寒冷的阶段。

有一把剪子
把夜开始剪短
先是剪了夜的尾巴
给家里断尾的狗接上
那狗可兴奋了
每天叫的多出五分钟

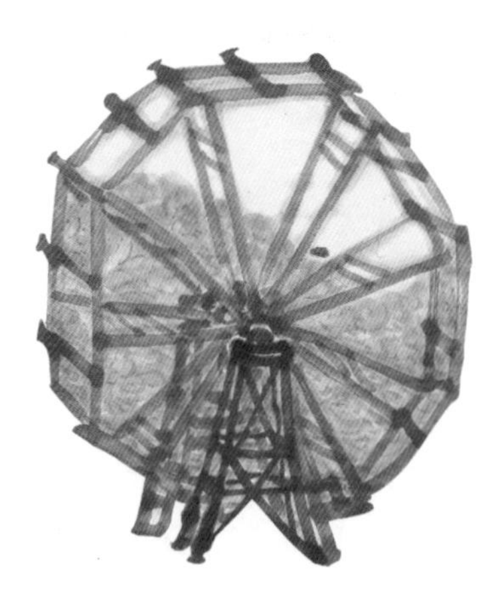

连肚脐眼也结冰了
那一圈一圈的漩涡
手指可不要碰
这天的饺子
就像嫂子怀孕了
老师
从学校回来
叫女儿把一枝还未开花的
干枝梅
插在花瓶里
老师说
让它作我们的温度计

冬夜的星星燃起了火

一声一声的狗叫
点起了冬夜的寒冷
那些树木冻得衣衫不整
上牙骨贴着下牙骨
瑟瑟着喊冷
夜，好像一下子成了
制造冰棍的妖精
它们喊着口号
那是张牙舞爪
扯着嗓子的风
童年盖了一床两床被子
屋里烧上炭火
还是感到大地陷入冰的窟窿

这时的星星呢
它们一点一点燃起了火星
风有时把它们的火苗吹小
它们还是坚持着
站在天边一动不动
奶奶说，冻死迎风站
那才叫骨气
我说最有骨气的就是星星

冬，骑着白马来

冬来时，骑着白马
穿着白衣
它先让霜把大地粉刷一遍
高处少刷点
低处多刷点
但霜没耐心
有点地方少了
像豁牙子
有的地方就挥霍
就成了雪
有厚厚的两米深

霜换成雪也好
那样马蹄踏在上面
就如同踏在松软的地毯上
这是迎接冬天应该有的设施
谁家迎接隆重的客人
不铺红地毯呢
但冬说红色太刺眼
于是我们就见冬穿着一身的白衣
骑着白马
在白的雪上飞奔
呼呼有声

冬的马是白的
是雪染白的
马头是白的
马尾是白的
眼珠也是白的

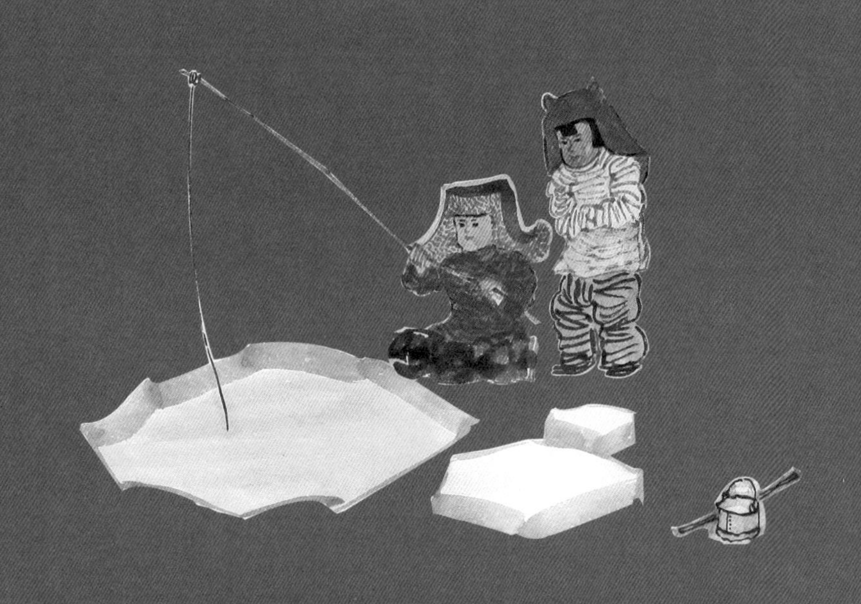

小寒食舟中作

唐·杜甫

佳辰强饭食犹寒，

隐几萧条带鹖（hé）冠。

春水船如天上坐，

老年花似雾中看。

娟娟戏蝶过闲幔，

片片轻鸥下急湍。

云白山青万余里，

愁看直北是长安。

一候，雁北乡　二候，鹊始巢　三候，雉雊（gòu）

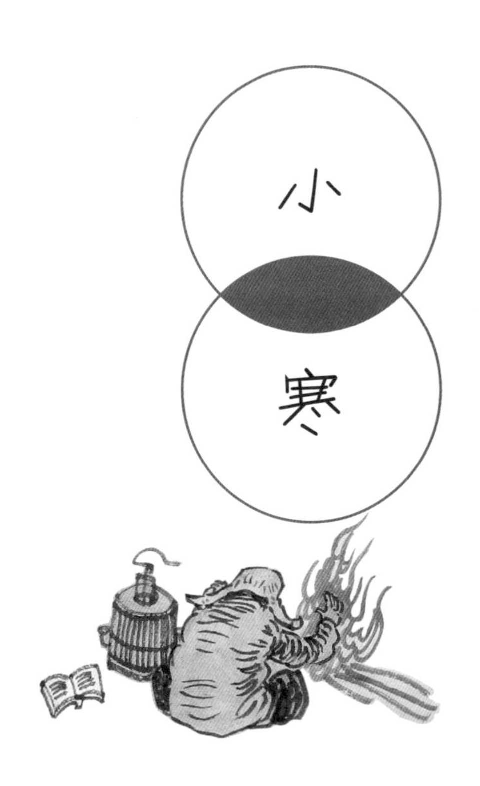

小寒　每年冬至后的十五日，便是小寒节气。天气寒冷，大冷还未达到极点，所以称为“小寒”。“寒”字下面两点是冰，《说文解字》中解释“寒”为“冻”，此时还未寒至极，至极是大寒。小寒一过，就进入“出门冰上走”的三九天了。小寒时处二三九，天寒地冻北风吼。

雪

在落叶躺着的地方躺一会
在花朵离开的地方站一会
天地的空间里如此安静
好像雪花是穿着新鞋子
脚步轻轻地来到了村庄
雪花不想惊吓这里的动物
也不想惊吓这里的植物
植物们在睡觉
动物们在长膘
雪看到了小河
她想洗一下长途跋涉的脚丫
谁知
雪花的脚丫一到水里
脚就被水的热情融化了

冬天的麻雀是可怜的孩子

冬天的麻雀
有时会饿肚子
下雪的时候
雪把一切都覆盖
也覆盖了麻雀的饭碗

雪地里有陷阱
那是一张张布下盛宴的网
就像乞丐见了红烧肉
麻雀也会扑上那网

冬天的麻雀
有时会到烟囱里取暖
那烟囱是温暖的旅店

冬天的麻雀
是一个流浪汉
站在冻得直叫的电线上
奏着哀伤的和弦
瑟瑟发抖的麻雀
在梦中看到了燕子
它们欢呼
燕子能衔来春天

大寒吟

北宋·邵雍

旧雪未及消，
新雪又拥户。
阶前冻银床，
檐头冰钟乳。
清日无光辉，
烈风正号怒。
人口各有舌，
言语不能吐。

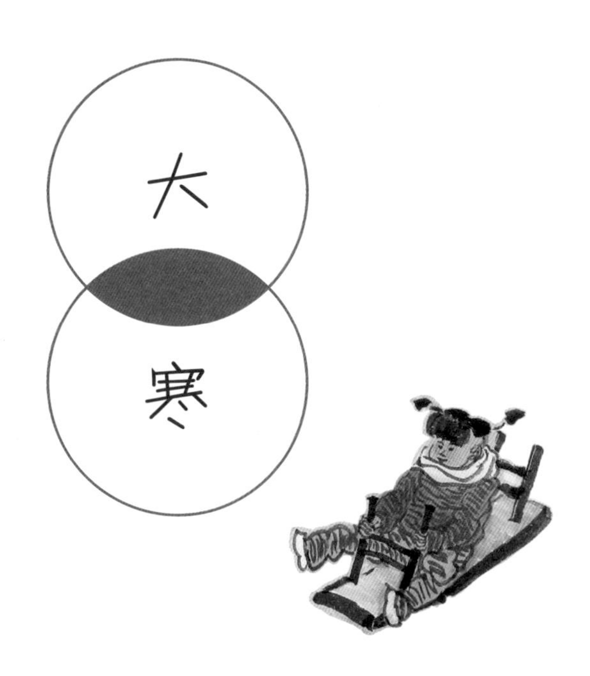

大寒　二十四节气中的最后一个节气。一般在每年公历的一月中旬，“寒气之逆极，故谓大寒”。一年中最冷的时期，风大、低温、地面积雪不化，呈现出冰天雪地、天寒地冻的严寒景象。“过了大寒，又是一年”，大寒后十五日，就是立春，便又是新的一年了。

东边不可留，东面冷飕飕
南边不可留，南边有冰凌
西面不可留，西面冻破头
北面不可留，北面风呼呼
这样的日子
手只能扎在棉袄里
像一个一个缩头的小猴
狗都把狗皮帽戴上
星星如一块块的碳
把被子
弄出一个个的洞
老师对着屋檐下
不肯觅食的麻雀说
冬天到了
春天还会远么
那些麻雀
叫着到远方去了
好像老师在黑板上
画下的省略号

雪地里的狗

狗一到雪地里
就像被相爱的人拥抱
雪一下子抱住她的腿
抱住她的肩，抱住她的脖子
好像怕离开了，分手了
再也见不到一样

狗在雪地里跑不动
也摔不痛
她踉踉跄跄
有时深，有时浅
好像酒晕子
被雪绊倒了

当她面前出现了
一个戴着草帽的人
她咯噔一下愣在那里
她没见过这样的人
她迟疑了
开始给这个雪人点头作揖
好像在说：爱你

堆雪人

雪花一飘
村子里的人、牲畜、花朵
就膨胀了
好像村庄一下子也蹿高了几尺

几把铲子好像哈了一口气
就戳出了中国式样的剪纸的风格
那兔子夸张的耳朵
如驴子
还有女孩的辫子
像那条曲曲折折的通向学校的路

一个破草帽
戴在雪人的头上
我们看见他鼻子的红萝卜
嘴唇的山楂
眼睛的念珠

村庄好白好大啊
像一张无边的纸
在上面
谁都可以作立体的画
花开在纸上
猪低头谦虚的模样在纸上
小老鼠在纸上与花猫捉迷藏

最可笑的是一个雪人
她的衣裳领子
和一条红领巾
竟裹在一条狗的脖子上